elektronens vej

ELEKTRONIK

MARCOS CERVANTES JANSSEN

LETRA ROJA

Første udgave: 7. august 2022

ophavsret© *2022 Marcos Cervantes Janssen*

Redigeret af redaktionsbrev@dagen

https://www.facebook.com/LETRA3ROJA
https://www.newtek.janssen@gmail.com
https://payhip.com/letra33roja
https://newtekjanssen.es.tl/
letra3roja@gmail.com

ELEKTRONIK

ELEKTRONENS VEJ

Til: Marcos Cervantes Janssen

INDEKS:

- FORORD _____ 5
- UDHOLDENHED _____ 7
- INDUKTOR _____ 12
- KONDENSATOR _____ 13
- DIODE _____ 16
- TRANSISTOR _____ 18
- INTEGRERET KREDSLØB __ 21
- EPILOG _____ 22

FORORD:

Du vil på en virkelig praktisk måde forstå komponenterne, symbolerne, begreberne og væsentlige dele af denne vidunderlige videnskab, som er til stede i alle områder af vores liv, uddannelse, medicin, madlavning, underholdning, hjem, forretning, kommunikation og mange flere velkendte , som yder et stort bidrag til vores effektivitet på forskellige områder i dagligdagen.

Elektronens vej gennem forskellige materialer resulterer i mange nyttige anvendelser for menneskeheden, idet elektronen er en eksisterende elektrisk partikel, og at den i et sæt af tusindvis producerer en strøm, kaldet elektricitet, denne strøm transformeres og producerer forskellige fænomener, når den manipuleres af komponenterne i de forskellige moduler, som vi vil se her.

Elektroner er en del af atomare, partikler, der udgør alt, hvad der findes i universet, på en sådan måde, at hver elektronisk komponent reagerer forskelligt på passage af elektroner eller elektrisk strøm, denne energi flyder gennem en potentialforskel.

Jeg vil præsentere dig for et klart og direkte sprog, de begivenheder, der skete i hver komponent og dens praktiske anvendelse, i den daglige brug af livet, så du vil forstå, og vil komme ind, i en meget interessant, nuværende og fremtidig verden uden tvivl.

I dag afhænger al kommunikation og computerverden direkte af disse præcise bevægelser af elektronen gennem kredsløbene i computere og andre enheder, der har kredsløb fulde af komponenter, nærvær, fravær og interaktion, er det emne, der bekymrer os i denne afhandling, vil vi se grundlæggende og enkle formler for en bedre forståelse af dette tiltrængte og aktuelle emne.

UDHOLDENHED:

Modstanden er en komponent, der, som navnet indikerer, modstår, i tilfælde af elektronen og dens passage gennem den, modstanden stopper strømmen af dem, det er på en praktisk måde, som at knuse en slange eller delvist lukke for vandhane, hvilket resulterer i et fald i strømmen af vand, det er på denne måde at den elektriske strøm reduceres, dette betyder at færre elektroner passerer gennem en modstand, da denne har større modstandsværdi, hvilket reducerer den elektriske strøm, giver os mulighed for at kontrollere de forskellige effekter af elektrisk strøm i vores værktøjer og opnå de resultater, som vores design ønsker, og dermed udnytte ændringer i temperatur og elektrisk flow.

Styring af spændingen er af vital betydning på grund af det digitale problem, da vi ved, at det logiske 1 i binær matematik er en spænding på 5 volt, og dets fravær er binært nul, som denne vidunderlige verden af bit behandles med, ifølge definitionen af den nuværende spænding.

Modstanden, når man udøver denne handling mod passage af elektroner, producerer varme, en termisk effekt, der repræsenterer transformationen af energi, et praktisk eksempel er de grundlæggende varmeapparater til at behandle vand i en spand, lad os også huske bagrude afrimnings systemet i biler , og som et andet almindeligt eksempel tøj strygejernet.

Hver modstand i henhold til dens størrelse og værdi frembringer denne termiske effekt i henhold til værdien og den elektriske strøm gennem den.

Hvis den tilladte strøm for hver type modstand overskrides, smelter den som en sikring, derfor skal arbejdes specifikationerne kendes.

Modstanden i elektroniske kredsløb er af en millimeter dimension, og i industrien af betydelige størrelser, der består af et glødetråd, som inden i et keramisk legeme har de kemiske egenskaber af sin konstitution, der modsætter sig elektrisk strøm.

Den elektriske strøm, der ikke er i stand til at passere lineært, som dens natur foreslår, omdannes til varme, således at komponentens krop påvirkes i dens ydre temperatur.

I et seriekredsløb summeres modstanderne, men i en parallelforbindelse skal vi bruge en speciel beregningsformel.

Der er en farvekode, der afslører i kroppen af de elektriske modstande, dens funktionelle værdi, alle disse data er nødvendige for design af elektroniske moduler.

INDUKTOR EN SPOLE:

Denne komponent er et element, meget lig en modstand, men dens funktion er ikke at modsætte sig den elektriske strøm i dette tilfælde, men at modvirke dens variationer, hvilket er meget vigtigt for kommunikation og for filtrering af frekvens signaler.

Vi vil se i komponenterne to typer elektrisk strøm, den polariserede, kaldet jævnstrøm, og den vekslende, der flyder med en frekvens af polskifte.

Spolen er en spiral, der når den leder jævnstrøm, ikke udøver modsætning og opfører sig som en lineær leder, ikke så for vekselstrøm, i dette tilfælde modsætter spolen vekselstrøm, og der skabes et magnetfelt omkring komponenten, således er spændingen omdannet til magnetisme i stedet for varme, som det var tilfældet med modstand.

Et eksempel på brugen af spoler er radial tuning, hvor det er meget vigtigt at konvertere elektriske signaler til magnetiske, og på denne måde at kunne transmittere dem med luften, på samme måde, modtageren med de passende formler , kan indstille disse signaler, oprettet antenne og modtage den indeholdte information på betydelige afstande.

At have en sender, og muligheden for at modtage den gennem mange moduler på samme tid, var den store stigning i radio, samt tunet kommunikation, hvilket gav en korrekt dialog mellem to specifikke punkter.

Induktorer bruges i dag i meget kraftfulde applikationer såsom mikrobølger og fastspændings transmission, såsom de nye magnetiske induktionsovne, som tilbyder lavt forbrug og høj termisk effektivitet.

Således har vi tesla-antennen, som er en spole med en speciel konfiguration og en meget interessant konstruktion. Dette konverterer elektrisk strøm til et tæt magnetisk felt, kaldet induktivt plasma, som ikke kun er en signalpærer, men også en luft spændingsgiver, der i øjeblikket bruges til trådløs elektronisk opladning af forskellige enheder, induktor applikationer vil fortsætte med at udvikle sig. i det metallurgiske rum og medicinsk industri, da dens betydning ved inducering er fundamental i trådløse højspændings projekter, sammen med computer transmission, plus hvad der afsløres over tid, er i dag et spørgsmål om undersøgelse og opdagelse af innovationer, der virkelig er nødvendige for at forme vores fremtid i område af trådløs strøm, dette til kvante udforskning af rummet.

KONDENSATOR ELLER KONDENSATOR:

Denne komponent, i modsætning til spolen, modsætter sig jævnstrøm, og ikke vekselstrøm, det kaldes et filter på grund af dets funktion at stabilisere spændingen, når det har variationer, det fungerer grundlæggende somen akkumulator højhastigheds gear lastning og losning.

Der er to typer kondensatorer, den keramiske til høje veksel frekvenser og den elektrolytiske, kaldet et filter, som også er polariseret ved sine terminaler, som bruges til at undertrykke spændingsspidser, kaldet støj.

I digital elektronik er det af afgørende betydning, at signalet er meget stabilt, da alle data er baseret på nul volt og 5 volt, så et spændingsspids lækker uden at være blevet tildelt, hvis ikke kun på grund af en teknisk fejl. , forårsager falsk binær kodning og afkodning ved at støde på ulæselige eller øgede bits.

Kondensatorer i lydsystemer giver professionel definition, såvel som den nødvendige udligning ved hjælp af spoler og modstande, for en specialiseret lydoutput, og opnår dermed alle de specifikke niveauer og områder, der er nødvendige for hvert instrument og vokal tone. , så kondensatoren er afgørende .

Kondensatoren i kombination med andre komponenter genererer et signal kaldet firkantet, som er et kompas, der definerer den på hinanden følgende march, i digitale processer, således er programmeringen fuldstændig baseret på synkroniseret datapakke, det er derfor for denne sags skyld definitionen af et gentagne signal, men af høj kvalitet i sine bortfald, vil føre til, at informationen genereres, transmitteres og aflæses effektivt i hvert eneste af det digitale udstyr, vi kender.

Der er en variabel kondensator, som i et kredsløb foretager en række ændringer, der tillader forskellige frekvenser at blive indstillet eller genereret alt efter tilfældet, så i digitale systemer kan digital og analog information genereres på meget præcise måder for at opnå , hastighed og sikkerhed i dette område.

Også inden for emnet hukommelse er det virkelig nødvendigt, at kondensatorerne bevarer deres præcise niveauer på de nøjagtige tidspunkter, for at indeholde den præcise information i hukommelsesenhederne og ved effektive hastigheder.

Med hensyn til elektronisk kobling udfører kondensatorer meget vigtige opgaver, der er en piezoelektrisk kondensator, der er i stand til at generere elektrisk strøm, hvis den trykkes fysisk, med visse frekvenser og specifikke formål.

DIODE:

Dioden er en meget nyttig elektronisk komponent, transistoren er lavet med den, dioden leder kun jævnstrømmen i én retning, og vekselstrømmen ensretter den, for når vi kun kører en pol, vil vi kun have ét tegn ved udgangen af enheden, kaldes dette udbedring.

Dioden fungerer på samme måde som en hydraulisk pichincha, eller den såkaldte check-nøgle, den tillader kun flow i én retning, således bruges den elektroniske komponent også i digital elektronik til at identificere nuller eller metaller.

Ensretterdioder bruges i alle eksisterende kilder på markedet, deres egenskab ved kun at lede i én retning, korrigerer og korrigerer den forkerte polarisering i præcisions kredsløb, hver diode repræsenterer et typisk forbrug på 0,7 volt.

Der er en speciel diode med navnet zener til ære for opfinderen, denne diode har det særlige ved at være en del af AM-modtageren, som ikke kræver batterier, dette er muligt, fordi den på grund af dens følsomhed kun fungerer med den fungerende diodens spænding., som er det signal, der kommer ind i antenne kredsløbet ovenfor gennem dens antenne, og dette signal bliver gennem dioden omdannet til moduleret spænding, så ved hjælp af et piezoelektrisk headset vil det høres tydeligt nok.

Dioderne udgør i øjeblikket de integrerede kredsløb, så kombination logikken er mulig at arbejde med disse komponenter, der er bunden af de logiske porte, og sammen med andre grundlæggende komponenter danner de grundlaget for miniaturiserede halvledere og komprimeres af tusindvis, i disse små enheder, denne komponent er uundværlig.

TRANSISTOR:

Denne komponent har tre terminaler, kaldet base, collector og emitter, som er den base, der styrer komponenten, og den collector og emitter, der opfylder komponentens hovedfunktion.

Hovedfunktionen af denne komponent er at være en switch, regulator og gate i kombination elektronik, og dermed bliver dette element af elektronik det første integrerede kredsløb udviklet.

Antag, at du på en praktisk måde forstår, at komponenten, der er en stophane i et vandrør, som er håndsvinget basen, havneindløbet, opsamleren og emitter udløbet, sådan er det afhængigt af krankens bevægelse, det vil sige, at basen, som i elektronik styres af mængden af volt, der tilføres basen, er altså strømmen mellem solfanger og emitter.

Transistorer er det tekniske grundlag for komplekse mikrochips, deres kobling egenskab er, hvem der udfører den kombination logik, der er nødvendig for digital udvikling, således miniaturiseret og arrangeret i logiske porte i det væsentlige, så vi vil med dette have det første grundlag for beregning elektronik, efter tre årtier i udvikling, vil det fortsætte på denne måde.

Vi har også effekttransistorer, som er til industrielle formål, således er industrien blevet automatiseret og med disse komponenter såsom switche og regulatorer, som styrer processerne i forskellige felter i industrien,

Også inden for lyd området har transistorer udviklet kraftige forstærkere, de er en del af komplekse udlignings- og modifikation systemer for at forbedre denne aktivitet.

Inden for målinger og instrumentering er transistorer i kombination en serie af sensorer, de er i dag fantastiske medicinske og industrielle værktøjer inden for det specielle måleområde, også kontrollerede forsyninger, i fjern systemer, til minedrift, medicin og rum området.

Transistorerne, hvad enten de er kontrol eller effekter i stigende grad avancerede gennem forskning, som gav yderligere stigning i præcision, ydeevne, også forbedringer ved at reducere dens størrelse og øge dens effektivitet.

I dag vokser antallet af transistorer indkapslet i mikrochips eksponentielt på grund af udviklingen af deres fremstilling og forbedringer i deres design, som i fremtiden vil være som neurale netværk.

INTEGRERET KREDSLØB:

Det er her, hvor alle komponenterne individuelt udvikler sig ved at reducere deres størrelse og øge deres effektivitet, og i et sæt med specielle formål er de således forbundet i en indkapsling, kaldet et integreret kredsløb.

Den såkaldte I.C. Det er selve centrum for computing, hvert bundkort har en mikrochip som en processorenhed, med et uendeligt antal elementer, der består af meget specialiserede designs og udarbejdet til højpræcisions formål.

Af praktiske årsager bliver størrelsen af vores moderne teknologi mindre, men mere kraftfuld, vi har indset, at formålet med hver af disse komplekse komponenter udvikler sig på en utrolig måde.

EPILOG:

Vi ved, at vores menneskelige krop er opbygget af forskellige systemer, hvori vi finder blodcirkulation systemet, og nervesystemet, i sidstnævnte er der en elektrisk strøm, der cirkulerer gennem vores krop.

Vores neuroner er også ladet med energi, som cirkulerer uden stop gennem hele vores liv.

I det vidunderlige fag elektronik indser vi, hvordan vi har lært af naturen og gengivet mange af de funktioner, den giver anledning til, alt dette har ført os ved hånden, til at generere computere, det er her, vi kunstigt udvikler, en programmeret kunstigt sind, som har til formål at lære og træffe flere og flere af sine egne beslutninger, ved at akkumulere erfaring.

Tættere på sektoren, for at overvåge og give liv til humanoider med robot lemmer, får de disse, kunstige sind, takket være mikrochips.

Hvad enten det er computere, huse og endda humanoider, vil vi have robotter i fremtiden, der er i stand til at reagere på principperne om respekt og gensidig hjælp.

Lad os huske, at vi er dens skabere, og af denne grund er vi ansvarlige for dens læring, udvikling og arv.

Det er på denne måde, at planter og dyr udvikler sig, og at mennesker gennem deres skabelse virkelig kan komme videre i den samlede viden om skabelsen.

Det er spændende, at hver komponent er helt anderledes, men de er alle uundværlige og har en sand plads kun for dem, opdateringerne af deres fremstilling tager os hånd i hånd til fremtiden, idet de er fremtidens elektronik, det faktum at integrere vores biologiske virkelighed, dens rette integration og sande menneskelige respekt.

Af denne grund må vi altid erkende, at elektronik er studiet af naturlige processer genskabt af vores hænder til gavn for det fælles bedste.

**PROYECTO
LETRA©ROJA**

Alle rettigheder forbeholdes. Under de fastsatte sanktioner

i retssystemet er det strengt forbudt,

uden skriftlig tilladelse fra ejerne af Copyright ©

hel eller delvis gengivelse af dette værk ved

ethvert middel eller procedure

reprografi og behandling

computer.

Hej, jeg er forsker, skribent og kommunikationsingeniør, hele mit liv har jeg levet gennem stærke situationer, på alle måder, jeg håber, at dit liv fortsætter med at forbedre sig, og at du udvikler dig så meget som muligt, udvider din viden, dit sind og dine evner, jeg ved, at du vil styrke din vilje, jeg er sikker på, at vi kan finde en måde at udvide vores eksistens på, jeg vil altid følge dig, og på forhånd tak, fordi du VÆRER

Du vil på en virkelig praktisk måde forstå komponenterne, symbolerne, begreberne og væsentlige dele af denne vidunderlige videnskab, som er til stede i alle områder af vores liv, uddannelse, medicin, madlavning, underholdning, hjem, forretning, kommunikation og mange flere velkendte , som yder et stort bidrag til vores effektivitet på forskellige områder i dagligdagen.

www.ingramcontent.com/pod-product-compliance
Lightning Source LLC
Chambersburg PA
CBHW032312240526
45464CB00023BA/3003